Gartenmomente

HÜHNER

EMF
EIN BUCH DER
EDITION MICHAEL FISCHER

INHALTSVERZEICHNIS

VORWORT

Warum Hühner? Die Hühnerhaltung im eigenen Garten bietet die Möglichkeit, sich neben selbst gezogenem Obst und Gemüse auch mit tierischen Produkten zu versorgen. Ein lohnendes Hobby also und noch dazu ein wunderschönes. Denn die lebhaften Gesellen bringen Abwechslung in den Alltag, sorgen für Ausgleich und Entspannung und holen das ferne, idyllische Landleben direkt in den heimischen Garten.

Dieses Buch möchte Einsteigerinnen und Einsteiger an die Hand nehmen und grundlegendes Wissen rund um die private Hühnerhaltung vermitteln. Es umfasst Informationen zu artgerechter Haltung und Unterbringung, Kosten- und Zeitaufwand sowie zu Legeverhalten und Nachzucht. Gleichzeitig belegt es, dass man Hühner unter gewissen Voraussetzungen auch in kleinerem Rahmen halten kann – sogar mitten in der Stadt!

AUFS HUHN GEKOMMEN

AM ANFANG WAR DAS HUHN

DAS MUSS GEKLÄRT SEIN

Wer sich ein Tier anschafft, übernimmt damit die Verantwortung für dessen artgerechte Unterbringung und Verpflegung. Und da Haushühner eine Lebenserwartung von durchschnittlich fünf bis sieben Jahren haben, ist ihre Haltung kein Hobby, das man von heute auf morgen wieder aufgeben kann. Daher sollten Sie sich gut informieren, wer und was da genau auf Sie zukommt.

RECHTLICHES

Um mögliche Seuchen besser bekämpfen zu können, unterliegen selbst Hobbyhaltungen gewissen rechtlichen Regelungen:

» Anzeige der Tierhaltung beim Veterinäramt unter Angabe von Name, Adresse, Tierart, Tierzahl, Nutzungsart und Standort der Tiere.

» Anzeige bei der Tierseuchenkasse: Geflügelhaltung ist meldepflichtig. Beitragspflicht besteht erst ab einer bestimmten Tieranzahl.

» Bestandsregister: Hier müssen Angaben zur Haltung, zur jeweiligen Geflügelart sowie zu allen Zugängen (Kauf, Schenkung) oder Abgängen (Verkauf, Schenkung, Tod, Schlachtung) von Tieren erfasst sein.

» Jeder, der Tiere zur Lebensmittelgewinnung hält (auch Hobbyhalter!), ist verpflichtet, über den Erwerb und die Anwendung von Tierarzneimitteln Nachweise zu führen. Behandelt der Tierarzt selbst, genügt ein sogenannter tierärztlicher Abgabe- oder Anwendungsbeleg.

TIPP

Nach § 2 des deutschen Tierschutzgesetzes ist der Halter verpflichtet,

1. das Tier seiner Art und seinen Bedürfnissen entsprechend angemessen zu ernähren, zu pflegen und verhaltensgerecht unterzubringen,

2. die Möglichkeit des Tieres zu artgemäßer Bewegung nicht so einzuschränken, dass ihm Schmerzen oder vermeidbare Leiden oder Schäden zugefügt werden,

3. für eine angemessene Ernährung, Pflege und verhaltensgerechte Unterbringung des Tieres zu sorgen und sich die dazu erforderlichen Kenntnisse und Fähigkeiten anzueignen.

WIE VIELE HÜHNER?

Als verantwortungsbewusster Tierbesitzer wollen Sie Ihren Hühnern natürlich eine möglichst tier- und artgerechte Haltung bieten. Wie viele Hühner sich bei Ihnen wohlfühlen können, ist dabei in erster Linie von der Größe Ihres Gartens abhängig. Für eine kleine Hühnerschar von fünf normal großen Tieren sollten Sie eine Stallfläche von 2 qm und mindestens 50 qm Auslauf einrechnen. Ist der Auslauf zu knapp bemessen, so findet man hier statt saftig grüner Wiese recht schnell eine karge Mondlandschaft, die sich bei Regen in ein Sumpfgebiet verwandelt.

Bedenken Sie jedoch auch, dass Hühner gesellige Tiere sind, die sich nur in der Gruppe wohlfühlen. Doch selbst bei zwei Tieren sind Streitigkeiten vorprogrammiert. Bewährt hat sich in der Hobbyhaltung die Anzahl von drei bis sechs Hennen. Ob ein Hahn dazugehört, hängt nicht nur von Ihrem Wunsch nach eigener Nachzucht ab, sondern wird auch entscheidend von Ihrem jeweiligen Lebensumfeld (Stadt oder Land) und der Toleranzgrenze Ihrer Nachbarn mitbestimmt. Wer keinen Hahn halten darf, dem sei zum Trost gesagt, dass sich Hennen mit einem guten Bruttrieb auch um befruchtete Eier kümmern, die man ihnen untergeschoben hat (sogenannte Bruteier). Falls Sie sich Nachwuchs im Hühnerhof wünschen, sollten Sie jedoch von Anfang an zusätzlich Platz für das Brutgeschäft und die Aufzucht der Küken einplanen.

ZEITAUFWAND

Hühner sind im Vergleich zu anderen Tieren extrem pflegeleicht. Dennoch sollten Sie genügend Zeit einplanen, um sich auch etwas mit der fröhlichen Hühnerschar beschäftigen zu können. Der tatsächliche Zeitaufwand variiert je nach Anzahl der Hühner.

Bei fünf Hühnern sind ungefähr

» 30–60 Minuten für die täglichen Verrichtungen,

» etwa 1 Stunde für die wöchentliche Stallreinigung und

» 1–2 Stunden für die Pflege des Auslaufs einmal pro Woche einzuplanen.

Dazu kommt einmal jährlich eine gründliche Überholung des Hühnerstalls, wie auch immer wieder unvorhergesehene Arbeiten anfallen können, wenn Sie zum Beispiel ein Loch im Zaun entdecken. Und dass sich Hühner tagsüber über ein bisschen Gesellschaft freuen und Sie nur allzu gerne auf Ihrem Rundgang durch den Garten begleiten, ist ja ohnehin vollkommen klar!

TIPP

Keine Sorge – mit der Zeit werden Ihnen die Aufgaben deutlich leichter von der Hand gehen und auch weniger Zeit beanspruchen!

KOSTENAUFWAND

Hühner beanspruchen aber nicht nur Zeit, sondern verursachen auch Kosten. Als anfängliche Investitionskosten sollte man gut 400 Euro für einen Hühnerstall mit Inneneinrichtung einkalkulieren. Der Auslauf schlägt mit etwa 100 Euro zu Buche, und nicht zuletzt müssen ja noch die stolzen Bewohner Einzug halten.

Im Unterhalt sind Hühner allerdings recht billig: Die monatlichen Kosten für Futter und Grit belaufen sich auf rund 20 Euro für fünf Hühner. Futter in Bioqualität ist etwas teurer. Zusätzliche Belastungen entstehen durch den Tierarzt (Impfungen), etwaige Medikamente oder Instandhaltungsarbeiten.

HÜHNERSITTER GESUCHT!

Ganz gleich, ob Sie eine starke Erkältung ins Bett zwingt oder der lang ersehnte Urlaub ansteht – Ihre Hühnerschar will trotzdem gut versorgt sein. Wohl dem, der sich beizeiten um einen geeigneten Stellvertreter gekümmert hat. Machen Sie diesen mit den Tieren vertraut, erklären Sie ihm, was zu tun und worauf bei Hühnern im Allgemeinen und bei Ihrer Hühnerschar im Besonderen zu achten ist. Am besten schreiben Sie wichtige Infos samt Telefonnummer des Tierarztes auf. Sollten Sie keinen Hühnersitter in Ihrem Bekanntenkreis finden, können Sie auch online eine Anzeige schalten oder in einer Tierhandlung um Hilfe fragen.

HÜHNERRASSEN FÜR ANFÄNGER

ERSTE SCHRITTE

Die perfekte Hühnerrasse für Anfänger gibt es nicht. Jede Rasse bietet gewisse Vorteile, aber auch Nachteile. Die in diesem Buch vorgestellten Rassen sind für Anfänger allesamt gut geeignet. Gute Bruterfolge erzielt man zum Beispiel mit Orpingtons, Seidenhühnern, Sussex und Zwerg-Cochins.

BRAUCHE ICH EINEN HAHN?

Ein Hahn ist für eine erfolgreiche Hühnerhaltung nicht zwingend erforderlich. Gerade in der Stadt sollten Sie Ihrer Nachbarschaft zuliebe besser darauf verzichten. Sofern möglich, ist die Haltung eines stolzen Gockels aber durchaus empfehlenswert. Denn Hähne kümmern sich aufopferungsvoll um ihre Hennen, zeigen ihnen schöne Plätze im Auslauf, rufen sie zu besonderen Leckerbissen, warnen vor Gefahren oder versuchen, sie tapfer vor Feinden zu beschützen. Nicht zuletzt sorgen sie auch für eine gewisse Ruhe in der Hühnerschar und verhindern größere Rangstreitigkeiten unter ihren Hennen. Und falls Sie auf Nachwuchs bei Ihren Hühnern hoffen, so ist der Hahn noch immer der beste Garant für befruchtete Eier.

AMROCK (LEGERASSE)

Zwergform:	vorhanden
Herkunft:	USA
Eigenschaften:	fliegen kaum, robust, neigen zur Verfettung (daher nicht zu viel füttern, da sonst auch die Legeleistung sinkt), ansonsten gute Fleischqualität
Charakter:	eher ruhig, freundlich, werden handzahm
Legeleistung:	200–220 Eier jährlich
Eierschalenfarbe:	braun bis bräunlich gelb
Gewicht:	Hahn 3,0–4,0 kg; Henne 2,5–3,0 kg
Brut:	schwierig bis nicht möglich
Besonderheiten:	Geschlecht der Küken bereits nach dem Schlupf am Gefieder erkennbar

NIEDERRHEINER (LEGERASSE)

Zwergform:	vorhanden
Herkunft:	Deutschland
Eigenschaften:	fliegen kaum, robust, neigen zur Verfettung (daher nicht zu viel füttern, da sonst auch die Legeleistung sinkt), ansonsten gute Fleischqualität
Charakter:	ruhig, zutraulich, werden schnell handzahm
Legeleistung:	200 Eier jährlich
Eierschalenfarbe:	gelb bis hellbraun
Gewicht:	Hahn 3,5–4,0 kg; Henne 2,5–3,0 kg
Brut:	schwierig
Besonderheiten:	wurden ursprünglich als schnell wachsende Schlachthühner gezüchtet, überzeugen aber durch die gute Legeleistung und schöne Farbschläge

BANTAM (ZWERGHUHN)

Großform:	nicht vorhanden
Herkunft:	vermutlich Indonesien
Eigenschaften:	werden schnell zahm, können gut fliegen
Charakter:	ruhig
Legeleistung:	90 Eier jährlich
Eierschalenfarbe:	cremefarben bis weiß
Gewicht:	Hahn 600 g; Henne 500 g
Brut:	möglich
Besonderheiten:	Hähne sind sehr temperamentvoll und leider auch sehr laut

ZWERG-AUSTRALORP (VERZWERGT)

Großform:	vorhanden
Herkunft:	Australien
Eigenschaften:	vital, robust, widerstandsfähig, eifrige Futtersucher
Charakter:	sanftmütig, eher ruhig, sehr zutraulich
Legeleistung:	160 Eier jährlich
Eierschalenfarbe:	hellbraun
Gewicht:	Hahn 1,3 kg; Henne 1 kg
Brut:	sehr gut
Besonderheiten:	gibt es in den Farbschlägen schwarz, weiß und blau-gesäumt; der weiße Farbschlag hat blaue Beine

VORWERKHUHN (ZWIEHUHN)

Zwergform:	vorhanden
Herkunft:	Hamburg (Deutschland)
Eigenschaften:	sehr robust, wetterhart, anspruchslos, werden schnell zahm, können gut fliegen
Charakter:	ruhig und zutraulich
Legeleistung:	170 Eier jährlich
Eierschalenfarbe:	gelblich
Gewicht:	Hahn 2,5–3,0 kg; Henne 2,0–2,5 kg
Brut:	schwierig
Besonderheiten:	legen auch im Winter recht gut

WELSUMER (ZWIEHUHN)

Zwergform:	vorhanden
Herkunft:	Niederlande
Eigenschaften:	wetterhart, anspruchslos
Charakter:	ruhig, zutraulich, neugierig, erkundungsfreudig
Legeleistung:	160 Eier jährlich
Eierschalenfarbe:	dunkelbraun
Gewicht:	Hahn 3,0–3,5 kg; Henne 2,0–2,5 kg
Brut:	möglich
Besonderheiten:	legen sehr große Eier

SULMTALER (ZWIEHUHN)

Zwergform:	vorhanden
Herkunft:	Steiermark (Österreich)
Eigenschaften:	sehr robust, wetterhart, werden schnell zahm, genügsam, können gut fliegen
Charakter:	eher ruhige Tiere
Legeleistung:	180 Eier jährlich
Eierschalenfarbe:	cremefarben bis hellbraun
Gewicht:	Hahn 3,0–4,0 kg; Henne 2,5–3,5 kg
Brut:	schwierig
Besonderheiten:	sehr zartes, weißes Fleisch, wird als gefährdete Haustierrasse eingestuft

SEIDENHÜHNER (SCHMUCKHUHN)

Zwergform:	vorhanden
Herkunft:	Ostasien
Eigenschaften:	flugunfähig, wetterhart, vital
Charakter:	ruhig, freundlich, überaus zutraulich, handzahm
Legeleistung:	80 Eier jährlich
Eierschalenfarbe:	hellbraun
Gewicht:	Hahn 1,4–1,7 kg; Henne 1,1–1,4 kg
Brut:	ausgezeichnet
Besonderheiten:	die Federstrahlen sind nicht miteinander verbunden und daher sehr weich und eher fellartig, äußerst stark ausgeprägter Bruttrieb, brüten auch fremde Eier problemlos aus, gut für Kinder geeignet

ZWERG-WYANDOTTE (VERZWERGT)

Großform:	vorhanden
Herkunft:	USA
Eigenschaften:	robust, werden schnell handzahm, fliegen wenig, standorttreu
Charakter:	ruhig, freundlich
Legeleistung:	80 Eier jährlich
Eierschalenfarbe:	cremefarben bis hellbraun
Gewicht:	Hahn 1,3 kg; Henne 1,1 kg
Brut:	ausgezeichnet
Besonderheiten:	gut für Kinder geeignet

SUSSEX (FLEISCHRASSE)

Zwergform:	vorhanden
Herkunft:	England
Eigenschaften:	frühreif, fliegen schlecht, sehr robust
Charakter:	werden sehr zahm, ruhig, freundlich
Legeleistung:	180 Eier jährlich
Eierschalenfarbe:	gelb bis hellbraun
Gewicht:	Hahn 3,0–4,0 kg; Henne 2,5–3,0 kg
Brut:	gut möglich
Besonderheiten:	legen auch im Winter recht gut, führen ihre Küken vorbildlich

HÜHNERKAUF

ENDLICH EIGENE HÜHNER

Die große Frage „Wo soll ich meine Hühner kaufen?" lässt sich recht schnell und einfach beantworten: bei einem erfahrenen Züchter. Haben Sie sich bereits für eine bestimmte Hühnerrasse entschieden, dann helfen die Internetseiten verschiedener Geflügelzuchtvereine weiter. Neben vielen anderen Informationen sind hier auch die Adressen von Züchtern aufgelistet, die sich Ihrer Wunschrasse verschrieben haben. Ein Blick auf die Postleitzahl verrät, welche davon in Ihrer näheren Umgebung ansässig sind. Inserate seriöser Anbieter sind überdies im Anzeigenteil oder auf den Internetportalen diverser Fachzeitschriften zu finden. Und nicht zuletzt hilft häufig auch die Mund-zu-Mund-Propaganda, den richtigen Züchter zu finden, sei es über den örtlichen Geflügelverein oder durch Freunde oder Bekannte.

WAS MACHT EINEN GUTEN ZÜCHTER AUS?

Gerade Einsteiger sollten einen guten Züchter in ihrer Umgebung suchen. Gehört dieser einem Zuchtverband an, so kann man sicher sein, dass die Elterntiere bestimmten Rassestandards entsprechen und gute Voraussetzungen für die Aufzucht der Küken und Junghühner gegeben sind. Die Tiere werden nur gesund und geimpft abgegeben. Professionelle Züchter zeigen sich aufgeschlossen für Besucher. Sie bieten eine umfassende Beratung an und klären geduldig noch offen gebliebene Fragen. Die meisten stehen Ihnen auch nach dem Kauf bei eventuell auftretenden Problemen beratend zur Seite. Dies alles rechtfertigt den meist etwas höheren Preis im Vergleich zu Hühnern von Geflügelmärkten.

WORAUF IST BEIM KAUF ZU ACHTEN?

Kein Mensch möchte „die Katze im Sack" kaufen. Genau das gilt auch für die Anschaffung von Hühnern. Kaufen Sie niemals ein Huhn, das Sie vorher nicht gesehen haben. Nehmen Sie sich Zeit, die Tiere eine Weile zu beobachten, und lassen Sie sich nicht vom Züchter bzw. Händler unter Druck setzen. Die Hühner sollten einen gesunden und lebendigen Eindruck machen und nicht kränklich oder schläfrig wirken oder sich gar apathisch verhalten. Haben Sie Ihre Wahl getroffen, nehmen Sie Ihre Wunschkandidaten am besten noch etwas genauer unter die Lupe. Worauf es zu achten gilt, verrät Ihnen die nachfolgend aufgeführte Checkliste. Als gutes Zeichen ist zu werten, wenn die Hühner sich nicht ohne Weiteres fangen lassen und gut genährt sind. Machen sie dagegen einen eher knochigen Eindruck, kann dies ein Anzeichen für eine (beginnende) Krankheit sein.

GESUNDHEITSCHECK

ANHAND DIESER MERKMALE KÖNNEN SIE GESUNDE HÜHNER ERKENNEN:

MERKMAL	GO	NO-GO	HINWEIS
Verhalten	aufmerksam, munter (frisst, scharrt, putzt sich)	matt, teilnahmslos, lethargisch	auch gesunde Hühner können scheu und ängstlich sein
Ernährungszustand	gut genährt	mager, knochig	weist auf versteckte Krankheiten oder Parasitenbefall hin
Gefieder	fest, glänzend, lückenlos	struppig, verschmutzt, mit kahlen Stellen	
Auge	hell, klar, glänzend	trüb, tränend, verklebt	nur bei ausgewachsenen Tieren beurteilbar
Kamm, Kehllappen	intensiv gefärbt, gut ausgeprägt	blass, schlaff	erst ab etwa 18 Lebenswochen beurteilbar; bei älteren Legehennen lässt die Färbung nach, obwohl die Tiere gesund sind
Schnabel	kräftig, normal geformt, ohne Ausfluss	verklebt, Schnabelspitze gekürzt	
Ständer	sauber, glatt, ohne Auflagerungen	verschmutzt, weiße Ablagerungen, Krusten, Verletzungen	unbedingt auch die Fußsohlen auf Verletzungen und Umfangsvermehrungen prüfen
Kloakenöffnung	sauber	verklebt	
Kot	fest, mit weißer Auflagerung	dünnflüssig bis wässrig, übel riechend	

EIN HEIM FÜR HÜHNER

EIN ARTGERECHTER HÜHNERSTALL

FERTIGSTALL ODER MARKE EIGENBAU?

Wer seinen handwerklichen Fähigkeiten misstraut oder den Aufwand scheut, ein Hühnerhaus selbst zu bauen, für den stehen heutzutage unzählige Fertigställe in den verschiedensten Formen, aus unterschiedlichsten Materialien und in den buntesten Farben zum Kauf bereit.

Für angehende Hühnerhalter, die in ihrer Freizeit auch gerne mal selbst zum Werkzeug greifen, bietet es sich dagegen an, das Hühnerhaus entsprechend den örtlichen Gegebenheiten und nach den eigenen Vorstellungen zu planen und aufzubauen. In Hobbyhaltungen, in denen meist nicht allzu vielen Tieren Unterschlupf gewährt werden muss, ist das weder allzu schwer noch besonders aufwendig und kann obendrein viel Spaß machen. Für den Bau ist jedoch stellenweise die Unterstützung einer zweiten Person notwendig.

MUST-HAVES FÜR HÜHNERHALTER

» Hühnerstall mit Sitzstangen und Legenestern und evtl. Beleuchtung

» Geflügeltränke, Futterspender

» Hühnerfutter und Gritmischungen

» Einstreu

» umzäunter Auslauf

» Sandbadestelle (am besten überdacht)

» Equipment zur Reinigung und Desinfektion des Stalls

» Stallapotheke

WER BILLIG KAUFT, KAUFT ZWEIMAL!

Der Preis sagt, wie so oft, einiges über die Qualität des Produkts aus. Damit Sie und Ihre Hühner möglichst lange Freude an einem Fertigstall haben, sollten Sie auf Folgendes achten:

Sehr gut geeignet sind Modelle aus Kunststoff, da sie sich gründlich reinigen lassen und Milben wie auch andere Schädlinge so gut wie keine Chance haben, sich einzunisten. Zudem bieten diese Ställe Sicherheit vor Füchsen und Schadnagern.

Bei Ställen aus Holz ist auf eine ausreichende Dicke des Materials zu achten, damit diese Schutz vor Hitze und Kälte sowie vor Fressfeinden bieten. Bei fehlender Vorbehandlung mit Holzschutzmitteln ist die Lebensdauer des Stalls begrenzt.

Hühnerställe, die mit Dachpappe gedeckt sind, sollten Sie meiden, da sich hier gerne Rote Vogelmilben einnisten.

Schloss und Scharniere von Tür und Klappe müssen von guter Qualität sein, damit der Stall sicher verschlossen werden kann.

Herausnehmbare Sitzstangen im Inneren sind von Vorteil, da sich der Stall dann besser reinigen lässt. Die Legenester sollten zum Entnehmen der Eier leicht erreichbar sein.

Bei Bestellungen über das Internet gilt es zu berücksichtigen, dass für die Produktfotos meist Zwerghühner verwendet werden, um den Stall größer darzustellen, als er in Wirklichkeit ist. Daher unbedingt auf die tatsächlichen Maße achten!

STALLGRÖSSE

Die Größe des Stalls richtet sich nach Anzahl und Größe der Tiere, die Sie halten möchten. Als Faustregel gilt hierbei, dass bei einem Körpergewicht von ca. 2 kg etwa zwei bis drei Hühner pro Quadratmeter Stallfläche gehalten werden dürfen. Bei Zwerghühnern können Sie rund ein Drittel mehr auf der gewünschten Fläche unterbringen. Doch wohlgemerkt, bei diesen Angaben handelt es sich nur um Mindestgrößen. Natürlich freuen sich Ihre Hühner über jedes zusätzliche Platzangebot; so können sie sich bei schlechtem Wetter in den Stall zurückziehen und haben trotzdem die Möglichkeit, ein bisschen auf dem Boden zu scharren. Außerdem ist bei mehr Spielraum der soziale Stress geringer, und die Hühner geraten nicht so leicht aneinander.

Bei einer geringen Anzahl von Tieren (vier bis fünf Hühner) sind mobile Ställe von Vorteil, die in regelmäßigen Abständen versetzt werden. So kann sich der Boden erholen, und Ihren Hühnern steht immer wieder ein frisches Stück Wiese zur Verfügung, was zweifelsohne auch hygienische Vorteile bietet. Allerdings lassen sich mobile Ställe nur mit erheblichem Mehraufwand gegen Fressfeinde absichern, und je nach Größe des Grundstücks kann der Weg dorthin schon mal etwas länger sein.

DIE WAHL DES STANDORTS

Bei fest stehenden Hühnerställen ist die Standortwahl abhängig von den örtlichen Gegebenheiten sowie von baurechtlichen und nachbarschaftlichen Vorgaben. Schließlich will man ja etwaige Beschwerden über Geruchs- und Lärmbelästigung gar nicht erst aufkommen lassen. Der Stall sollte vom Haus aus gut erreichbar und idealerweise so gelegen sein, dass zu beiden Seiten ein Auslauf angeschlossen werden kann. Bei wechselweiser Nutzung kann sich die Grasnarbe im unbenutzten Gehege immer wieder regenerieren.

Die Stallfront mit Fenster zeigt optimalerweise in Richtung Süden oder Südosten, damit auch in der dunkleren Jahreszeit ausreichend Licht in den Stall fällt. Das fördert die Legeleistung und ist zudem eine wichtige Voraussetzung, damit Ihre Hühner in den Wintermonaten gesund bleiben. Und falls sich dann in der Nähe noch ein Laubbaum befindet, der die Hühnervilla im Sommer angenehm überschattet, ist der perfekte Standort für den Stall gefunden.

SITZSTANGEN

Hühner suchen einen erhöhten Platz zum Schlafen auf. Als Material eignet sich Vierkantholz aus dem Baumarkt mit einer Breite von etwa 7 cm (Zwerghühner: 4 cm), bei dem Sie die Kanten leicht abrunden. Letzteres minimiert das Verletzungsrisiko. Rundhölzer hingegen sind nicht zu empfehlen, da die Hühner darauf nur schlecht Halt finden und es in der Folge zu Verkrümmungen der Gliedmaßen und Abszessen an der Fußsohle kommen kann. Achten Sie bei den Stangen auf eine möglichst glatte Oberfläche, da sich dann nicht so leicht Ungeziefer einnistet. Eine mögliche Alternative sind Stahlprofile, die sich noch leichter reinigen lassen.

Ranghohe Hennen beanspruchen immer den höchsten Schlafplatz für sich. Um Unruhe im Stall zu vermeiden, befestigt man am besten alle Sitzstangen auf gleicher Höhe von mindestens 1 m. Ausnahmen gelten für Zwerghühner wie Cochins oder Chabos, die kaum fliegen, und für sehr schwere Rassen wie Orpingtons, die sich beim Herunterhüpfen verletzen könnten. Hier genügen Sitzstangen in 30 cm Höhe. Gänzlich entfallen können sie für Seidenhühner und ihre Zwergformen, die sich gerne auf dem Boden in Gruppen zusammenkuscheln.

Damit alle Hühner ausreichend Platz für einen erholsamen Schlaf haben, sollten Sie für vier normal große Hühner eine Sitzstange mit rund 1 m Länge einplanen. Im Falle von Zwerghühnern finden darauf sogar sechs bis acht Tiere Platz, doch können bei mehreren Tieren verschiedene Schlafgelegenheiten mit Sicherheit nicht schaden. Bringen Sie die Stangen dann mit 30 cm Abstand voneinander und zur Wand an, bei Zwerghühnern genügt auch etwas weniger.

KOTBRETT ODER KOTKASTEN?

Damit die Einstreu unter dem Schlafplatz sauber bleibt und die Hühner nicht im eigenen Kot scharren, empfiehlt es sich, etwa 20 cm unterhalb der Sitzstangen ein ausreichend großes und beschichtetes Brett anzubringen, das die Hinterlassenschaften zuverlässig auffängt und dank seiner glatten Oberfläche leicht zu reinigen ist. Letzteres sollte aus hygienischen Gründen täglich erfolgen.

Wer es sich leichter machen will, bringt auf dem Kotbrett noch einen Holzrahmen in gleicher Größe, aber mit 10–15 cm Höhe an, der mit einem stabilen Drahtgeflecht überspannt wird. Die Maschenweite sollte etwa 2,5 × 5 cm betragen, sodass der Kot ungehindert auf das Brett fallen kann und außer Reichweite der Hühner ist. In diesem Fall genügt es, das Brett einmal pro Woche zu reinigen. Bedeckt man das Brett mit etwas Einstreu, trocknet der Kot auch nicht zu sehr an.

EINSTREU

Hühnerfüße müssen trocken und warm bleiben. Auch wenn der Kot größtenteils durch das Kotbrett aufgefangen wird, können Spritzwasser aus der Tränke und Nässe, die vom Auslauf in den Stall getragen wird, ungeeignete Einstreu dennoch verklumpen lassen. Besser, Sie verwenden Säge- bzw. Hobelspäne, die Feuchtigkeit gut binden können. Kaufen Sie jedoch bitte nur staubfreie Produkte aus dem Fachhandel, da Hühner recht anfällig für Atemwegserkrankungen sind. Noch saugfähiger als Hobelspäne ist Hanfstreu, das inzwischen gleichfalls gut erhältlich ist.

Ergänzend dazu sollte kurz geschnittenes Stroh angeboten werden, das die Hühner einerseits zum Picken und Scharren animiert, andererseits gegen Kälte isoliert. Darum darf die Stroheinstreu in den Wintermonaten durchaus etwas üppiger ausfallen. Auf Heu sollte man hingegen lieber verzichten, da es von den Hühnern nur zu gerne gefressen wird und es dann gesundheitliche Probleme geben kann. Auch Zeitungspapier ist nicht zu empfehlen: Die Hühner zerrupfen es gerne in Unmengen kleiner Stückchen.

EIN RÜCKZUGSORT ZUM EIERLEGEN

Hühner haben kein Problem damit, sich selbst ein stilles Plätzchen für die Eiablage zu suchen. Wer allerdings nicht täglich die Freuden des Osterfestes erleben und auf Eiersuche gehen möchte, bietet lieber ein Legenest an.

Für den Anfang genügt eine einfache Holzkiste mit ca. 35 × 35 cm Grundfläche, die mit Heu ausgepolstert ist. Um den Hühnern den Sinn dieser Einrichtung verständlich zu machen, kann man ein paar Gipseier aus dem Fachhandel besorgen und diese ins Nest legen. Das Legenest stellen Sie am besten leicht erhöht in der dunkelsten Ecke des Stalls auf, damit sich die Hühner darin geborgen und sicher fühlen.

Prinzipiell genügt ein Nest für drei bis vier Hühner, da Hennen aber nur zu gerne gleichzeitig ihre Eier legen, sind zwei Nester besser. Das unterbindet unnötige Rangeleien, bei denen auch mal Eier zu Bruch gehen können.

FUTTERSTELLEN

Achten Sie darauf, Futtergefäße aus robustem Material zu wählen, die sich leicht reinigen lassen. Als einfachste Variante sind im Handel Futtertröge aus Holz, Kunststoff oder verzinktem Metall erhältlich. Diese sollten mit einem Fressgitter versehen sein, da dadurch allzu große Kopfbewegungen der Hühner beim Picken vermieden werden und weniger Körner in der Einstreu landen. Zudem missbrauchen Hühner offene Tröge nur zu gerne als Liegeplatz und beschmutzen dabei das Futter. Gleiches kann passieren, wenn beim Scharren Einstreu in den Futtertrog geschleudert wird. Stellen Sie darum den Futtertrog etwas erhöht auf, vorzugsweise in Schulterhöhe Ihrer Tiere (je nach Größe der Rasse in 15–30 cm Höhe) und in der Mitte des Stalls, damit alle Hühner freien Zugang zum Futter haben.

Um Streitigkeiten zu vermeiden, sollten alle Tiere gleichzeitig fressen können. Rechnen Sie dazu 12 cm Troglänge je ausgewachsenes Tier ein. Bewährt haben sich zudem Futterautomaten aus Kunststoff. Wenn Sie den Futterautomaten in ungefähr 15 cm Höhe aufhängen, kann weder Futter heraus- noch Einstreu oder Schmutz hineingescharrt werden.

TRÄNKEN

Ähnlich dem Futterautomaten funktionieren auch die sogenannten Stülptränken mit umlaufender Trinkrinne. Im Winter können diese mit einem elektrischen Tränkenwärmer, der unter dem Behälter platziert wird, erwärmt werden, damit das Trinkwasser nicht einfriert und angenehm temperiert ist. Eine Alternative hierzu sind Nippeltränken, die direkt an die Wasserleitungen angeschlossen werden können. Nippeltränken sind hygienisch und sorgen für Beschäftigung. In unbeheizten Ställen frieren die Leitungen im Winter jedoch sehr leicht zu. Eine regelmäßige Überprüfung ist demnach dringend angesagt!

Sowohl im Stall als auch im Auslauf sollte mindestens eine Trinkmöglichkeit vorhanden sein.

Um die Größe der Tränke richtig zu bemessen, können Sie sich nach der Faustregel 1 l Trinkwasser/5 Hühner richten. Offene Gefäße sind ungeeignet, da sie schnell verschmutzen und leicht umkippen.

AUF DEN PUNKT GEBRACHT

Die folgenden Richtwerte zur Planung des Hühnerstalls gelten für normal große Hühner mit etwa 2 kg Körpergewicht. Bei Zwerghühnern können Sie etwa ein Drittel weniger Platzbedarf veranschlagen.

Stallgröße:	1 qm für 3–4 Tiere
Fensterfläche:	> 3 % der Stallfläche
Luftfeuchte:	ca. 60 %
Mindestsitzstangenlänge:	20–25 cm pro Tier
Mindesttroglänge:	12–15 cm pro Tier
Legenester:	1 Nest für 3–4 Tiere

AUSLAUF UND EINFRIEDUNG

Tagsüber halten sich Hühner am liebsten im Freien auf. Je größer der Bereich ist, den Sie ihnen dafür zur Verfügung stellen können, umso besser. An der Frage, welches Mindestausmaß der Auslauf haben muss, scheiden sich jedoch die Geister. Zwerghühnern genügt beispielsweise schon ein Auslauf in Größe eines Kleintiergeheges, sofern sie mindestens einmal täglich Ausgang im ganzen Garten haben. Die gesetzlichen Vorgaben für Biohaltung schreiben wenigstens 4 qm Auslauf pro Huhn vor, besser wären jedoch mindestens 10 qm pro Huhn.

Um Hühner in ihre Grenzen zu verweisen, aber auch vor unerwünschten Besuchern zu schützen, bedarf es eines stabilen Zaunes rund um den Auslauf. Ob Maschendraht oder massive Holzkonstruktion – entscheidend ist vor allem die Höhe. Schwere, etwas behäbigere Vertreter lassen sich bereits durch einen 1 m hohen Zaun wirksam aufhalten. Bei flugfähigen Rassen sollten Sie mindestens 1,80 m und eine zusätzliche Netzabdeckung einplanen. In solchen Fällen empfiehlt es sich, die Zaunhöhe der eigenen Körpergröße anzupassen, damit man im Auslauf aufrecht stehen kann.

SANDBAD STATT SWIMMINGPOOL

Hühner werden nicht besonders gerne nass. Darum reinigen sie ihr Gefieder auch lieber durch ein Staubbad, das nicht nur überschüssiges Fett, sondern auch eventuell vorhandene Milben beseitigt. Staubbäder organisieren sich die Hühner selbst. Bevorzugte Orte sind geschützte Bereiche mit offener Erde unter einem Strauch, wo sie nach dem Bad vollkommen entspannt ein Ruhepäuschen einlegen können. Hühner wissen aber auch entsprechende Angebote zu nutzen. Sollte im Auslauf also kein natürliches Staubbad möglich oder erwünscht (Schonung der Grasnarbe) sein, dann können Sie eine große Schale mit Erde oder Sand zur Gefiederpflege bereitstellen. Hier lässt sich zugleich ein für Hühner verträgliches Antimilbenmittel (z. B. Kieselgur) unauffällig beimischen …

GEFAHRENQUELLEN IM GARTEN

VORSICHT, GIFTIG!

Einige Pflanzen, die in heimischen Gärten weit verbreitet sind, können Ihren Schützlingen gefährlich werden, darunter:

» Begonie

» Blauregen

» Efeu

» Hortensie

» Buchsbaum

» Eibe

» Engelstrompete

» Goldregen

» Oleander

» Rhododendron

NATÜRLICHE FRESSFEINDE

Neben Giftpflanzen gilt es, die Hühnerschar aber auch vor anderen Gefahren zu schützen. Denn frische Eier und Hühnerbraten schätzt nicht nur der Mensch! Lebensgefährlich sind hier vor allem folgende Tiere:

» Luchs

» Marder

» Wiesel

» Habicht

» Ratten

» Mäuse

Für den Hühnerhalter bleibt daher nur, Stall und Auslauf möglichst gut gegen die ungebetenen Gäste abzusichern. Da diese vorwiegend nachts auf Beutejagd gehen, sollte man seine Hühner ausschließlich im Stall schlafen lassen und sämtliche Zugänge sicher verschließen. Offene Fenster und Lüftungsschlitze müssen mit einem feinmaschigen Drahtgewebe bespannt werden. Dabei sollte der Draht mindestens 1,2 mm stark sein und die Maschenweite unter 12 mm liegen. Beim Auslauf empfiehlt es sich, den Zaun mindestens 30 cm in die Erde einzugraben, damit die Räuber nicht unten durchschlüpfen können. Flexible Zaunsysteme umgibt man am Übergang zum Boden mit einer Extraportion Maschendraht, den man mit Heringen sicher fixiert.

GEFAHR AUS DER LUFT

Auch wenn es viele „Hausrezepte" zur Abwehr von Greifvögeln wie den Habicht gibt, so hat sich doch als einzig effektive Maßnahme ein Geflügelnetz bewährt, mit dem man den kompletten Auslauf überspannt. Dieses hält gleichzeitig noch andere Vögel ab, die sich zwar nicht an Ihren Hühnern, aber an deren Futter gütlich tun wollen. In erster Linie sind die Sperlinge zu nennen, die bei entsprechendem Angebot in Scharen über die Körnermischung herfallen, in Städten gesellen sich obendrein Krähen und Tauben dazu. Um diese gar nicht erst anzulocken, sollten Sie Ihre Hühner am besten nur im Stall füttern, denn Wildvögel können zu Überträgern gefährlicher Erkrankungen werden.

NAGETIERE

Doch nicht nur Sperlinge, Tauben und Krähen fühlen sich vom Hühnerfutter magisch angezogen, sondern auch Mäuse und Ratten. Zudem vergreifen sie sich an den Eiern und am Nachwuchs der Hühner, richten unterschiedliche Schäden im Stall an und verunreinigen diesen und das Futter mit ihren Ausscheidungen, die zur Krankheitsquelle für Ihre Hühner und Sie werden können.

Bewahren Sie die Säcke mit Hühnerfutter am besten in verschließbaren Behältern aus Metall oder Kunststoff auf, durch die sich die Nager nicht (so leicht) hindurchbeißen können. Untersuchen Sie die Behälter aber trotzdem regelmäßig auf Bissspuren. Stellen Sie Fallen auf oder legen Sie Giftköder aus. Entsprechende Produkte sind im Fachhandel erhältlich.

HÜHNER-HALTUNG

ALLTAG MIT HUHN

GELUNGENE SYMBIOSE

Haben sich Ihre Hühner erst einmal eingewöhnt, werden Sie erstaunt sein, wie problemlos sie sich in Ihren Tagesablauf integrieren lassen. Die täglich anfallenden Arbeiten beanspruchen etwa eine gute halbe Stunde pro Tag.

TÄGLICHE ROUTINEARBEITEN

Nachdem Sie die Hühner ins Freie gelassen haben, können Sie im Stall für Ordnung sorgen. Im Gegensatz zum Kotkasten sind Kotbretter täglich zu reinigen. Achten Sie zudem darauf, Ihre Hühner immer mit ausreichend frischem Wasser zu versorgen, und zwar sowohl im Stall wie auch im Auslauf. Wenn Sie nun noch den Futtertrog bzw. Futterautomaten aufgefüllt haben, ist Ihre Hühnerschar für den Tag bestens gerüstet.

Die abendlichen Pflichten beginnen mit einer erfreulichen Tätigkeit: dem Sammeln der Eier. Überprüfen Sie bei dieser Gelegenheit auch kurz das Legenest auf eventuelle Verunreinigungen und zerbrochene Eier. Sobald sich die Hühner bei Anbruch der Dämmerung im Stall eingefunden haben, sollten Sie kurz durchzählen, ob alle beisammen sind. Eventuelle Nachzügler lassen sich mit Körnern anlocken, die man auf den Stallboden streut. So ist auch gleich für etwas abendliche Beschäftigung gesorgt. Ein kurzer Gesundheitscheck hilft, verletzte oder kranke Tiere rechtzeitig zu erkennen. Um keine unerwünschten Besucher und „Mitesser" anzulocken, empfiehlt es sich zudem, die Futterreste aus Stall und Auslauf zu entfernen. Danach wird die Hühnerklappe fest verschlossen, und im Stall kann abendliche Ruhe einkehren.

TÄGLICHE TO-DO-LISTE

» Hühner aus dem Stall lassen

» Wasser wechseln

» Futter nachfüllen

» Kotbrett reinigen

» Eier einsammeln

» Hühner zählen

» Gesundheitscheck

» Futterreste entfernen

» Stallklappe schließen

TIPP

Mögliche Folgen einer Unterversorgung mit wichtigen Nährstoffen sind:

» **schlechter Ernährungszustand**

» **struppiges Gefieder, Störungen bei der Mauser**

» **Rückgang der Legeleistung**

» **dünne Eierschalen, Windeier**

» **reduzierte Stabilität der Knochen**

» **Fußballenentzündung**

» **Begünstigung unerwünschter Verhaltensweisen (Federpicken)**

FÜTTERUNGSPRAXIS

Wer seine Hühner im Auslauf bei der Futtersuche beobachtet, wird rasch feststellen, dass vor ihrem zielgenauen Schnabel kaum etwas sicher ist. Hühner sind Allesfresser. In freier Wildbahn steht ihnen ein vielfältiges Nahrungsangebot zur Verfügung, aus dem sie alle lebenswichtigen Nährstoffe wie Proteine, Fette, Mineralstoffe und Vitamine schöpfen.

Im Garten ist das Nahrungsangebot für Hühner jedoch deutlich weniger vielseitig als in freier Natur. Damit Ihre Hühner gesund und munter bleiben und eine gute Legeleistung zeigen, haben sich in der Praxis vor allem zwei Fütterungsmethoden bewährt:

Alleinfuttermittel sind fertige Futtermischungen aus dem Handel, in denen alles enthalten ist, was das Huhn zum Leben braucht. Die Zusammenstellung variiert je nach Altersgruppe (Küken, Jungtiere, erwachsene Tiere) und Nutzungsrichtung (Eiproduktion oder Mast).

Bei der kombinierten Fütterung wird den Hühnern eine Kombination aus Körnerfutter und Alleinfuttermittel angeboten. Die Körnermischung gibt man vorzugsweise abends von Hand in die Einstreu, als Maßstab dienen bei normal großen Hühnern in der Legeperiode etwa 60 g je Tier und Tag. Das Alleinfuttermittel wird den ganzen Tag über zur freien Aufnahme angeboten, und zwar ausschließlich als Legemehl, damit die Hühner kleinere Mengen über den Tag verteilt aufnehmen.

ZUSÄTZLICHE FUTTERMITTEL

Möglich ist auch die Gabe von Weichfutter in Form von gekochten Kartoffeln, Nudeln oder eingeweichten Brötchen. Da diese Futtermittel vor allem Kohlenhydrate liefern, sollten sie mit eiweißhaltigen Komponenten wie Weizenkleie oder Sojaschrot angereichert und parallel zum Alleinfuttermittel angeboten werden.

Auch wenn Grünfutter bei Weitem nicht so viel Energie enthält wie etwa Getreide, so versorgt es die Hühner doch mit wichtigen Vitaminen und Mineralstoffen. Die darin enthaltenen Ballaststoffe halten zudem die Verdauung in Schwung. Außerdem hat Grünfutter noch einen weiteren entscheidenden Vorteil: Es enthält viele Carotinoide, die den Dotter so wunderschön gelb färben!

Alleinfuttermittel oder kombinierte Fütterung – ein Gemisch aus Muschelkalkschalen und Quarzgrit sollte den Hühnern jederzeit und in gesonderten Futterbehältern zur Verfügung stehen. Sie brauchen diese Extrazulage, um ihren Kalziumbedarf decken und den Muskelmagen beim Zerreiben der Nahrung unterstützen zu können.

BESONDERE LECKERBISSEN:

» Gekeimtes Getreide („Kraftfutter")

» Sonnenblumenkerne (ölhaltig)

» Maiskolben (einfach im Auslauf aufhängen)

» Melone (im Sommer heiß begehrt!)

» Tierisches Eiweiß (getrocknete Garnelen oder Bachflohkrebse)

WIE VIEL WOVON?

Aufgrund des vernachlässigbaren Energiegehalts können Ihre Hühner beliebig viel Grünfutter fressen, ohne um die schlanke Linie fürchten zu müssen. Auch bei Alleinfuttermitteln und Weichfutter wissen Hühner gut einzuschätzen, wie viel sie davon brauchen. Als Richtwert gilt, dass eine Legehenne mit einem Körpergewicht von 2 kg täglich rund 120 g Futter benötigt. Inzwischen sind verschiedenste Futtermischungen erhältlich, die auf die Bedürfnisse von Hühnern in allen Lebenslagen abgestimmt sind. Der tatsächliche Futter- und Nährstoffbedarf ist jedoch von verschiedenen Faktoren abhängig:

» Körpergewicht: Schwere Rassen benötigen mehr Futter als Zwergrassen.

» Altersgruppe: Küken im Wachstum haben einen anderen Nährstoffbedarf als erwachsene Tiere. Zudem differiert der Bedarf je nach Entwicklungsphase.

» Nutzungsrichtung: Legehybriden haben einen höheren Nährstoffbedarf als Hennen, von denen nur ab und zu ein Ei erwartet wird, wie sich auch der Nährstoffbedarf einer Legehenne von dem eines Masthuhnes sehr unterscheidet.

» Äußere Einflüsse: Bei Hitze haben Hühner weniger Appetit, in der kalten Jahreszeit hilft eine Extraportion Mais den Tieren dabei, sich warm zu halten.

WASSERBEDARF

Hühner brauchen etwa doppelt so viel Wasser wie Futter, d. h., eine Henne mit 2 kg trinkt täglich etwa 220–250 ml Wasser. Bei hohen Außentemperaturen kann der Wasserbedarf allerdings auch mehr als das Doppelte betragen. Um Krankheitskeimen erst gar keine Chance zu geben, sollten Sie das Tränkewasser mindestens einmal täglich wechseln, in der warmen Jahreszeit gerne auch öfter, da Hühner vor allem kühles Wasser sehr gerne aufnehmen.

GROSSPUTZ IM HÜHNERSTALL

Neben den täglichen Routinearbeiten ist einmal die Woche Großputz angesagt, um Hühnerstall und Auslauf sauber und in Schuss zu halten.

STANDORTWECHSEL

Beginnen Sie mit dem Auslauf. Die Hühner bleiben in dieser Zeit am besten eingeschlossen. Mobile Stall-Auslauf-Kombinationen werden mitsamt den Hühnern an einen anderen Standort verbracht, mobile Ausläufe neu abgesteckt. So kann die bisher benutzte, stark beanspruchte Grünfläche gründlich gepflegt werden. Neben einem Rasenschnitt gilt es vor allem, kahle Stellen nachzusäen. Bei Ausläufen mit fester Umzäunung sollte man den Boden zumindest von groben Verunreinigungen säubern und mit dem Rechen glatt ziehen.

STALL SÄUBERN

Nun können Ihre Hühner wieder ins Freie. Stall frei für Besen und Kehrschaufel! Entfernen Sie sämtliche Einstreu und kehren Sie auch die Ecken und Winkel gründlich aus. Vergessen Sie nicht das Nistmaterial aus den Legenestern! Ist der Stall besenrein, können Sie ihn gründlich unter die Lupe nehmen und auf das Vorhandensein von Milben überprüfen. Diese halten sich besonders gerne im Bereich der Legenester auf, aber auch in allen anderen dunklen Ecken und Ritzen. Im Verdachtsfall können Sie ein Antimilbenmittel versprühen. So oder so sollten Sie den Stall für ein bis zwei Stunden gründlich durchlüften.

Mit dem Wechsel der Einstreu geht die Reinigung aller Stalleinrichtungsgegenstände einher. Gut, wenn sich die Sitzstangen zu diesem Zweck herausnehmen lassen! So können Sie diese außerhalb des Stalls mit einer festen Bürste, etwas Reinigungsmittel oder Essig und viel Wasser abschrubben. Auch die Wasser- und Futterspender gehören mindestens einmal monatlich gereinigt und desinfiziert. Lassen Sie diese gut austrocknen, bevor Sie Wasser und Futter nachfüllen.

Nach dem Lüften kann der Stall wieder wohnlich hergerichtet werden. Zur Prophylaxe von Milbenbefall empfiehlt es sich, Legenester und Sitzstangen wie auch die Ecken und Winkel des Stalls mit Kieselgur einzustäuben. Anschließend wird der Stall frisch eingestreut – fertig!

INSTANDHALTUNGSMASSNAHMEN

Um Krankheitserregern und Parasiten Einhalt zu gebieten, muss der Stall ein- bis zweimal im Jahr gereinigt und desinfiziert werden. Am besten geschieht dies in der wärmeren Jahreszeit, in der der Stall gut austrocknet. Gleichzeitig kann man dann ggf. den Kalkanstrich im Inneren erneuern und die Außenfassade mit Holzschutzmittel streichen. Schlösser, Scharniere und eventuelle Elektroinstallationen sind in regelmäßigen Abständen auf ihre Funktionsfähigkeit hin zu überprüfen, wie auch die Umzäunung des Auslaufs zum Schutze Ihrer Hühnerschar immer wieder kontrolliert und ggf. ausgebessert werden muss. Klingt nach viel Arbeit? Diese ist aber über das Jahr verteilt gut zu bewältigen und sorgt immer wieder für den nötigen Ausgleich zur Schreibtischarbeit!

HÜHNER VERSTEHEN

HACKORDNUNG

Wer seine Hühnerschar genauer beobachtet, wird rasch feststellen, dass es eine Henne gibt, die alle anderen hacken darf, doch selbst nie etwas abbekommt (Alpha-Huhn). Das rangniedrigste Huhn (Omega-Huhn) dagegen muss alle Schnabelhiebe klaglos einstecken, ohne selbst austeilen zu dürfen. Zwischen diesen beiden Extremen ordnen sich die übrigen Hühner in einer Position ein, die sich durchaus immer wieder verändern und neu ausrichten kann.

Die Hühner profitieren von einer stabilen Sozialordnung: So haben ranghöhere Hühner Anspruch auf gewisse „Annehmlichkeiten", wie etwa den besten Platz am Futternapf oder die schönste (und höchste) Stelle auf der Sitzstange im Stall. Dadurch, dass diese Privilegien nicht immer neu ausgefochten werden müssen, lassen sich ständig wiederkehrende Streitigkeiten unter den Tieren vermeiden. Üblicherweise genießen ältere, erfahrene Hennen einen höheren sozialen Status als junge Tiere. Neben gewissen Rechten übernehmen sie damit aber auch Pflichten, etwa, indem sie vor Gefahren warnen, zu guten Fressplätzen führen oder gar einen Streit zwischen Artgenossen schlichten.

DIE ROLLE DES HAHNES

In Abwesenheit eines Hahnes übernimmt die Leithenne das Kommando in der Hühnerschar. Da die soziale Stellung der Hennen untereinander jedoch immer wieder neu ausgehandelt wird, kommt es regelmäßig zu Rangeleien um die Vorherrschaft. Nicht so in Anwesenheit eines Hahnes, der allein schon aufgrund seiner stattlichen Gestalt anstandslos und unangefochten seine Position als Alphatier behauptet. Seinen Damen gegenüber erweist er sich dafür als fürsorglicher Kavalier der alten Schule: Er führt sie zu Tisch und verzichtet ihnen zuliebe sogar auf manchen Leckerbissen. Bei Bedarf beteiligt er sich auch an der Nestsuche. Unterdessen behält er die Umgebung scharf im Auge, warnt vor Gefahren und ist bereit, seine Hühnerschar beherzt gegen potenzielle Feinde zu verteidigen. Alles in allem übernimmt der Hahn also eine wichtige stabilisierende Funktion im sozialen Gefüge der Hühnerschar und damit weit mehr Aufgaben, als nur für den ersehnten Nachwuchs zu sorgen.

AUF EIN FRIEDLICHES MITEINANDER

Hühner erkennen sich untereinander anhand bestimmter körperlicher Merkmale. Neben Farbe und Form des Gefieders spielen dabei vor allem die Hautanhangsgebilde am Kopf, also Kamm und Kehllappen, sowie die Augen eine besondere Rolle. So können sie etwa 100 Artgenossen voneinander unterscheiden. Allerdings haben Hühner kein allzu gutes Gedächtnis für diese feinen Unterschiede, weshalb sie regelmäßig Kontakt zu ihren Artgenossen haben müssen, damit das soziale Gefüge aufrechterhalten bleibt. Das erklärt auch, warum beispielsweise erkrankte Tiere, die eine Zeit lang von den anderen isoliert waren, nach ihrer Genesung erst wieder in die Gruppe integriert werden müssen.

FEDERPICKEN

Doch nicht immer herrscht im Hühnerhof eitel Sonnenschein. Zuweilen lassen sich auch unerwünschte Verhaltensweisen beobachten. Nur gut, wenn Ihnen diese beizeiten auffallen, so können Sie rechtzeitig Gegenmaßnahmen ergreifen. Zuweilen kann es vorkommen, dass sich eine Henne auffallend stark für das Gefieder ihrer Artgenossinnen interessiert, daran herumzupft oder sogar Federn herauszieht und verspeist. Die Unart zeigt sich zunächst durch kleinere kahle Stellen an einzelnen Hühnern, führt mit der Zeit zum Verlust des Gefieders und kann schlussendlich durch blutige Stellen zu Kannibalismus führen. Auch wenn meist nur eine Henne mit dem Federpicken beginnt, schauen sich ihre Kolleginnen dieses Verhalten schnell ab. Um eine Ausweitung des Problems zu verhindern, sollte man erste Anzeichen unbedingt ernst nehmen und schnell handeln.

DAS KÖNNEN SIE TUN

Während das Federpicken früher als Verhaltensstörung galt, weiß man heute, dass es zumeist durch das Zusammenspiel mehrerer Faktoren bedingt ist. Deshalb muss dieses Problem auch von mehreren Seiten angegangen werden:

» Nährstoffmangel: Überprüfen Sie die Futterration Ihrer Hühner und wechseln Sie evtl. den Hersteller. Überdies empfiehlt sich eine Extrazulage an Grünfutter.

» Platzmangel: Wer keine Möglichkeit hat, den Hühnerstall oder Auslauf zu vergrößern, dem bleibt nur, die Anzahl der Hühner zu reduzieren.

» Langeweile: Verwenden Sie Legemehl statt Pellets, damit Ihre Hühner länger mit der Futteraufnahme beschäftigt sind. Ein reichhaltig strukturierter Auslauf mit viel Möglichkeit zur Grünfutteraufnahme tut sein Übriges.

Neben diesen grundlegenden Maßnahmen können betroffene Tiere mit Sprays behandelt werden, die einen für Hühner unangenehmen Geschmack haben und somit dem Federpicken vorbeugen. Diese sind auch auf natürlicher Basis erhältlich. Sollte es schon zu Verletzungen gekommen sein, sind diese unverzüglich zu behandeln. Zudem gilt es, die Übeltäterin herauszufinden und für eine Weile von der Herde zu isolieren, bis sie sich eines Besseren besonnen hat.

TIPP

Die Zugabe von 1g Kochsalz auf 1l Trinkwasser wirkt beruhigend und hat sich bei Federpicken oder Kannibalismus als überaus hilfreiche begleitende Maßnahme erwiesen. Eine ähnliche Wirkung haben auch spezielle Magnesiumpräparate aus dem Fachhandel.

VON FRÜH-STÜCKSEIERN UND KÜKEN

TÄGLICH FRISCHE EIER?

LEGEREIFE

Nach der Faustregel „Es dauert 21 Tage, bis das Küken schlüpft, und 21 Wochen, bis die Henne Eier legt" beginnen Junghennen im Alter von 19 bis 21 Wochen mit dem Legen. Frühjahrsküken, die in der warmen Jahreszeit heranwachsen, legen etwas früher los als ihre später geschlüpften Artgenossen. Mit ihrem ersten Ei werden die Junghennen zu Legehennen, auch wenn sich die Eiproduktion anfangs noch etwas einspielen muss. Die ersten Eier sind zumeist etwas kleiner und weniger regelmäßig aufgebaut als jene „routinierter" Legehennen. Nicht selten sind auf der Schale feine Blutspuren zu sehen, die von einem geplatzten Äderchen im Eihalter herrühren. Kein Grund zur Sorge – mit etwas Übung geben sich diese „Kinderkrankheiten" von ganz alleine.

IM RHYTHMUS DER JAHRESZEITEN

Ob jung oder alt – mit Beginn der dunkleren Jahreszeit legen Hennen generell weniger Eier. Denn die Ausschüttung der Hormone, die den Legeakt regulieren, erfolgt in Abhängigkeit vom Tageslicht. Werden die Tage kürzer, kommt die Hormon- und damit die Eiproduktion nach und nach zum Erliegen, um dann im beginnenden Frühjahr mit zunehmender Tageslänge wieder anzulaufen. Durch diesen Rhythmus ist gewährleistet, dass die Küken unter natürlichen Bedingungen in den Sommermonaten heranwachsen, in denen ihnen ein reichliches und vielfältiges Nahrungsangebot zur Verfügung steht. Wollen Sie die winterliche Legepause Ihrer Hennen verkürzen, so verhilft eine künstliche Beleuchtung im Hühnerstall zu einem vorzeitigen Start in den Frühling.

RASSE UND MASSE

Völlig normal ist, dass die Legeleistung in den heißen Sommermonaten allmählich zurückgeht, um spätestens im September vollständig eingestellt zu werden. Denn dann kommen die Hühner in die Mauser und brauchen alle Körperreserven für die Bildung des neuen Gefieders. Die Mauser markiert das Ende der Legeperiode. Wie viele Eier eine Henne in dieser Zeit produziert, hängt von Rasse und Alter ab. Legerassen liefern mehr Eier als Fleischrassen, werden aber noch deutlich übertroffen von den auf Legeleistung gezüchteten Hybriden. Unter Einsatz ausgeklügelter Beleuchtungsprogramme bringen es diese auf die stattliche Anzahl von bis zu 330 Eiern pro Jahr. Allerdings fällt deren Legeleistung bereits im zweiten Lebensjahr deutlich ab, weshalb sie bei gewerblicher Nutzung rasch ausgemustert werden.

Bei Rassehühnern mit 180 bis 220 Eiern pro Jahr hält die Legeleistung dagegen bis ins vierte Lebensjahr an und sinkt danach unterschiedlich stark ab. Auch hier werden im ersten Lebensjahr die meisten Eier gelegt, im zweiten und dritten sind die Eier dafür deutlich größer.

GÜTEKONTROLLE

Die Größe und das Gewicht von Eiern sind keine eigentlichen Qualitätsmerkmale, sondern werden vorrangig von der Rasse, aber auch vom Alter der Legehenne bestimmt. Große und ältere Tiere legen stattlichere Eier als Zwerghühner und Junghennen. Im Lebensmittelhandel werden Eier nach Gewichtsklassen eingeteilt, die zusammen mit der Güteklasse preisbestimmend sind.

Optimalerweise sollte die Schale sauber und unversehrt sein. Bei Hühnern, die ihre Eier im Stall oder Auslauf legen, kann diese aber durchaus auch etwas schmutzig werden. Es genügt, die Schale mit einem feuchten Tuch abzuwischen oder das Ei baldmöglichst weiterzuverarbeiten.

Letzteres gilt auch, wenn die Eischale beschädigt ist. Je nachdem, ob nur die Kalkschale oder Kalkschale und Schalenhaut betroffen sind, spricht man von Knick- bzw. Brucheiern. Knickeier sollten Sie innerhalb von ein bis zwei Tagen verbrauchen, Brucheier gehören dagegen in den Abfall.

Unregelmäßigkeiten der Kalkschale wie sandkornartige Auflagerungen oder Rillen entstehen, wenn sich das Ei bei Anlagerung der Kalkschale im Legedarm nicht gleichmäßig um sich selbst dreht. Dies tut der Qualität des Eis keinerlei Abbruch, und schon beim nächsten Ei läuft alles wieder normal. Selbst Windeier, bei denen die Schale komplett fehlt und Dotter und Eiklar nur von der Schalenhaut umgeben sind, können Sie prinzipiell weiterverarbeiten, sofern Sie diese unversehrt vom Stall in die Küche bringen. Allerdings sollten Sie Ihren Hennen dann besser eine Extrazulage Muschelkalk anbieten, da Windeier auf eine ungenügende Kalziumversorgung hinweisen.

DAS INNENLEBEN

Neben dem Test im Wasserglas (siehe Info rechts) gibt auch das aufgeschlagene Ei Hinweise darauf, wie alt es ist. Bei frischen Eiern ist der Dotter gewölbt und liegt dem gallertigen Eiklar relativ mittig auf. Bei älteren Eiern ist das Eiklar eher wässrig und fließt nach dem Aufschlagen unregelmäßig auseinander; der Dotter ist abgeflacht. Bei Eiern mit beschädigter Schale besteht die Gefahr, dass

Keime ins Innere eindringen und zum Verderb des Ei-Inhalts führen. Doch keine Sorge, der abstoßende Geruch von faulen Eiern würde Ihnen sofort auffallen.

Eier ohne Dotter werden als Spareier bezeichnet. Sie kommen vor allem bei Junghennen oder älteren Hennen nach der Legepause vor und entstehen durch eine hormonelle Fehlregulation. Der Eileiter produziert ohne Vorhandensein einer Dotterkugel Eiklar, um das dann im Eihalter eine Kalkschale gebildet wird. Spareier sind zumeist deutlich kleiner als normale Eier.

Legt eine Henne dagegen ein für sie ungewöhnlich großes Ei, so deutet dies auf einen Doppel- oder Mehrfachdotter hin. Dabei handelt es sich um gleichzeitig gereifte und in den Eileiter entlassene Dotterkugeln, die dann im weiteren Verlauf von Eiklar und einer gemeinsamen Kalkschale umschlossen werden.

Bluteinschlüsse im Dotter sind entgegen weit verbreiteter Meinung kein Anzeichen für einen sich entwickelnden Embryo, sondern entstehen dadurch, dass beim Abstoßen der Dotterkugel vom Eierstock ein kleines Blutgefäß verletzt wird. Sie können den Dotter trotzdem bedenkenlos verzehren oder weiterverarbeiten. Gleiches gilt für fleckige Dotter (hier tritt Eiweiß durch die Dottermembran in den Dotter über) oder wenn das Eiklar durch Einlagerung von Kohlensäure während der Eiproduktion getrübt ist.

FRISCHETEST IM WASSERGLAS

Mit zunehmendem Alter des Eis vergrößert sich die Luftblase zwischen äußerer und innerer Schalenhaut und sorgt dementsprechend für einen erhöhten Auftrieb im Wasser. Auf diesem Prinzip beruht der Frischetest im Wasserglas:

» Frische Eier liegen waagerecht auf dem Boden des Glases.

» Eier, die bereits 1–2 Wochen alt sind, bleiben zwar noch am Boden, richten sich aber mit dem stumpfen Pol nach oben auf.

» Sind die Eier älter als 2 Wochen, steigen sie im Glas auf und schwimmen schließlich oben an der Wasseroberfläche.

NACHWUCHS IM HÜHNERHOF

HAHN IM KORB

Voraussetzung für eine eigene Nachzucht ist zuallererst einmal das Vorhandensein befruchteter Eier. Solange Ihre Hühnerschar von einem vitalen Hahn angeführt wird, sollte das kein grundsätzliches Problem sein. Je nach Rasse kann die empfohlene Zahl von Hahn zu Hennen leicht variieren. Am besten informieren Sie sich hierzu bei einem erfahrenen Züchter der jeweiligen Rasse. Als grobe Orientierungshilfe lässt sich jedoch sagen, dass bei schweren Rassen ein Hahn auf rund sechs bis neun Hennen und bei leichteren Rassen ein Hahn auf 10 bis 15 Hennen zu guten Befruchtungsraten führt.

DIE BALZ

Die Balz geht dem eigentlichen Paarungsakt voraus und gestaltet sich je nach Temperament des Hahnes unterschiedlich. Manche versuchen es auf die freche Art und besteigen die Henne mehr oder weniger ohne Vorwarnung. Die meisten Hähne wenden jedoch viel Mühe auf, sich die Auserwählte gewogen zu machen, und greifen hierbei zu verschiedenen Tricks. Um sie von ihren Tagesgeschäften abzubringen und auf sich aufmerksam zu machen, schlägt der Freier zarte Töne an und lockt sie mit Futterrufen. Andere machen ihre Absicht noch deutlicher kund und verweisen auf besonders attraktive Nistplätze. Ist die Auserwählte angelockt, zeigt sich der Hahn von seiner schönsten Seite und umtrippelt sie mit abgespreizten Flügeln und gefächertem Schwanz. Der Kratzfuß gehört gleichfalls zum Verhaltensrepertoire bei der Balz und unterstreicht die Dominanz des Hahnes. Bleibt die erwünschte Wirkung aus oder versucht die Henne zu fliehen, stellt ihr der Freier mit gesenktem Kopf und aufgeplusterter Halskrause nach, um so doch noch an sein Ziel zu kommen.

DIE PAARUNG

Zumeist jedoch zeigt sich die Henne vom Gebaren des Hahnes gebührend beeindruckt und signalisiert ihre Paarungsbereitschaft, indem sie sich niederkauert, ihre Flügel zur Seite spreizt und den Bürzel leicht anhebt. Nun kann sie der Hahn von hinten besteigen. Anschließend schütteln sich Hahn und Henne ein wenig, flattern kurz mit den Flügeln und gehen auch schon wieder getrennter Wege.

NATURBRUT

Henne und Küken – ein Erlebnis der besonderen Art, das sich kein Hühnerhalter entgehen lassen sollte! Zudem stellt die Naturbrut gerade für Einsteiger die einfachste und sicherste Methode zur Nachzucht dar. Vorausgesetzt, man findet eine Glucke, die bereit ist, sich mehr als drei Wochen lang ganz ihrem Gelege und dem Brutgeschäft zu widmen ...

TIPP

Sie können einer brutwilligen Henne auch die Eier ihrer Artgenossinnen unterlegen, damit das Gelege schneller komplett ist und die Glucke nicht überstrapaziert wird.

GLUCKE GESUCHT

Nicht jedem Huhn ist es gegeben, eine gute Glucke zu sein. Vielen Rassen wurde der Bruttrieb durch gezielte Zuchtauswahl weitgehend „aberzogen", um die Legeperiode möglichst lange aufrechtzuerhalten. Doch gerade unter den alten Landhuhnrassen und Zwiehühnern gibt es noch immer brutfreudige Arten. Wenn Sie also eine eigene Nachzucht planen, sollten Sie dies bei der Zusammenstellung Ihrer Hühnerschar berücksichtigen.

Die Brutsaison der Hühner beginnt in den Monaten April bis Mai. Brutwillige Hennen stellen nach Erreichen einer angemessenen Anzahl an Eiern die Legetätigkeit vollständig ein. Üblicherweise umfasst das Gelege dann etwa 13 bis 15 Eier. Dies entspricht der Menge, die eine normal große Henne mit ihrem Gefieder abdecken kann. Doch schon bevor das Gelege vollzählig ist, gibt die Henne ihre Brutabsichten deutlich zu erkennen: Sie verlässt das Legenest nach der Eiablage nicht und reagiert auf Versuche, sie herunterzuheben, mit gesträubtem Gefieder und einem warnenden Picken. Zudem gibt sie leise gluckende Geräusche von sich, was ihr schließlich auch ihren Namen eingebracht hat.

DER BRUTPLATZ

In freier Natur sondern sich Glucken von der Herde ab, um ungestört ihrem Brutgeschäft nachgehen zu können. Bestehen dazu nicht entsprechende räumliche Möglichkeiten, so sollte das Nest zumindest an eine andere geschützte Stelle im Stall verschoben und den Artgenossen am gewohnten Platz ein zusätzliches Legenest angeboten werden. Besser ist ein eigenes „Separee" mit Brutnest und noch etwas Platz für Futter und Wasser. Als Brutnest genügt eine flache, mit reichlich Stroh ausgepolsterte Holzkiste, in der sich die Henne gut drehen und wenden kann. Das Umsetzen auf das neue Nest sollte frühestens einen Tag nach Beginn der Bruttätigkeit erfolgen. Gerade bei jungen, noch unerfahrenen Glucken empfehlen sich zudem folgende Maßnahmen:

» Falls die Glucke das Nest nicht zur Futter- und Wasseraufnahme oder zum Kotabsatz verlassen möchte, sollte man sie mehrmals täglich vom Nest heben.

» In der Zwischenzeit lohnt sich ein kontrollierender Blick auf das Gelege. Kot oder zerbrochene Eier gilt es zu entfernen, verschmutzte Eier kann man mit einem feuchten Tuch reinigen, ohne den Bruterfolg zu gefährden.

» Auch wenn die Glucke keinesfalls durch übertriebene Hygiene gestresst werden sollte, so ist doch auf ausreichende Sauberkeit im Aufzuchtbereich zu achten. Ein starker Milbenbefall kann zum Abbruch der Brut führen.

KÜNSTLICHE BRUT

Doch was tun, wenn sich in Ihrem Bestand keine brutwillige Glucke finden lässt? In diesem Fall ist das Bebrüten der Eier mittels Brutapparat eine gute Alternative. Dank moderner Technik ist es auch mit kleineren, für die Hobbyzucht geeigneten Apparaten möglich, ideale Brutbedingungen herzustellen.

BRUTEIER: WOHER NEHMEN?

Sofern sich Ihre Hennen in der Obhut eines Hahnes befinden, liegt es natürlich nahe, die Eier der eigenen Hühner herzunehmen. Ist kein Hahn vorhanden oder Nachwuchs von einer anderen Hühnerrasse als der eigenen gewünscht, bietet sich der Kauf von Bruteiern an, wie sie bei vielen Züchtern erhältlich sind. Sogar die Bestellung über verschiedene Online-Shops ist möglich, wobei die Schlupfrate bei Eiern aus dem Versand merklich niedriger ist. Finden Sie jedoch keinen Züchter in der Nähe, ist das Internet immer noch eine gute Alternative. Bruteier sollten Sie nicht länger als zwei Wochen aufbewahren, da danach die Schlupfrate meist deutlich sinkt. Zur Kontrolle können Sie das Legedatum mit Bleistift auf der Eierschale vermerken.

DIE BEBRÜTUNG

Glücklicherweise sind vollautomatische Brutapparate mit präziser Temperatur- und Feuchtigkeitsregulierung und Wendeautomatik schon zu recht günstigen Preisen im Fachhandel erhältlich. Die meisten zeichnen sich zudem durch eine ausgesprochen einfache Handhabung aus. Richten Sie sich bei der künstlichen Bebrütung am besten nach der Gebrauchsanweisung des von Ihnen verwendeten Geräts.

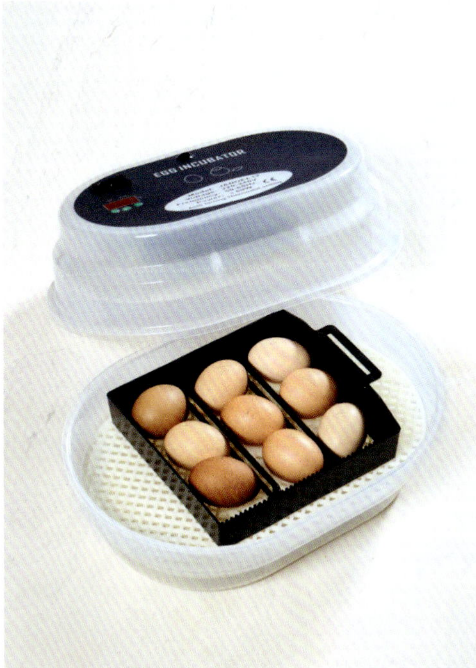

TIPP

Bei Küken, die erst spät im Jahr ausgebrütet wurden und „in die kühlere Jahreszeit" hineinwachsen, sind oft schlechtere Aufzuchtergebnisse zu verzeichnen.

DER SCHLUPF

Etwa um den 16. bis 17. Bruttag herum schiebt der Embryo seinen Schnabel in die Luftblase vor und beginnt zu atmen. Gleichzeitig streckt sich auch sein Körper. Bis unmittelbar vor dem Schlupf ruht der Kopf des Kükens auf seiner Brust. Nun hebt es seinen Kopf leicht an und pickt mit dem Eizahn, einem auf dem Schnabel befindlichen Hornhöcker, ein erstes Loch in die Schale. Indem es sich um die eigene Achse dreht, durchbohrt das Küken Schritt für Schritt die ganze Schale. Gleichzeitig stemmt es seinen Körper gegen die Schale, und durch das vollständige Heben des Kopfes wird schlussendlich der durch Schwerstarbeit entstandene Eideckel abgesprengt. Jetzt endlich kann das Küken das Ei verlassen. Manche Küken benötigen für den Schlupf nur wenige Stunden, andere einen ganzen Tag. Hin und wieder kann es vorkommen, dass die Küken die Prozedur nicht aus eigener Kraft schaffen.

Eventuelle „geburtshilfliche" Versuche werden in Fachkreisen unterschiedlich bewertet. Von einem vorschnellen Eingreifen ist in jedem Falle dringend abzuraten, da sonst der Dottersack, der das Küken an seinen ersten Lebenstagen mit den erforderlichen Nährstoffen versorgt, noch nicht oder nicht vollständig über den Nabel eingezogen wurde. Sollte es das Küken jedoch trotz mehrmaliger Versuche nicht aus dem Ei schaffen, so kann ein vorsichtiger Beistand zuweilen auch lebensrettend wirken, wie Berichte erfahrener Hühnerhalter zeigen.

Leider entwickeln sich nicht aus allen Eiern eines Geleges lebensfähige Küken. Manche sterben bereits im Ei ab oder schaffen den Schlupf nicht. Andere kommen mit Miss- oder Fehlbildungen auf die Welt und sollten darum besser erlöst werden. Auch das gehört zur Hühnerhaltung bedauerlicherweise dazu.

NATÜRLICHE AUFZUCHT

Wer sich für die Naturbrut entschieden hat, kann sich auch nach dem Schlupf der Küken entspannt zurücklehnen und die Aufzucht getrost der Glucke überlassen – sie weiß genau, was zu tun ist und was ihr Nachwuchs braucht. Ihnen obliegt dann nur, für optimale Rahmenbedingungen zu sorgen, damit die Glucke ihren mütterlichen Pflichten auch uneingeschränkt nachkommen kann.

GLUCKENSTALL

Spätestens nach dem Schlupf sollten Sie die Glucke samt Küken zu deren Schutz getrennt von der übrigen Herde halten. Optimal ist eine helle, trockene und zugfreie Unterkunft mit einer Raumtemperatur von etwa 20 °C. Bei dieser Temperatur fühlt sich auch die Henne wohl, und brauchen es die Küken mal wärmer, schlüpfen sie einfach unter das Gefieder ihrer Mutter.

FÜTTERUNG

Küken sollten vom ersten Lebenstag an Futter und Wasser angeboten bekommen. Unterstützt von der Henne, können sie sich so schon frühzeitig mit den verschiedenen Leckerbissen vertraut machen und die Wasseraufnahme erlernen.

Als Tränkestelle eignen sich flache Schalen mit niedrigem Rand und nicht zu viel Wasser. Kükentränken aus dem Fachhandel verschmutzen nicht so leicht. Als erste Nahrung hat sich Kükengrütze (geschrotetes Getreide, Fachhandel) mit Haferflocken bewährt. Neben dieser kohlenhydratreichen Kost sorgt fein gehacktes Ei für die nötigen Proteine. Klein geschnittenes Grünfutter, z. B. aus Löwenzahn, Schnittlauch und Brennnessel, darf ebenfalls nicht fehlen.

Bieten Sie mehrmals täglich geringe Mengen an Futter an. Eventuelle Reste sind umgehend zu entfernen. Die Futterschalen bitte nach jeder Verwendung gründlich reinigen. Eine gute Hygiene trägt enorm dazu bei, dass Ihre Küken gesund bleiben. Sobald sie zuverlässig trinken, können Sie auf ein Alleinfuttermittel umstellen, das dem speziellen Nährstoffbedarf der Heranwachsenden Rechnung trägt. Im Fachhandel sind verschiedene Starterfutter erhältlich, wobei man pelletiertem Futter den Vorzug geben sollte. Auch Küken wollen beschäftigt sein!

DER ERSTE AUSLAUF

Bereits wenige Stunden nach dem Schlupf beginnt die Mutter, mit ihren Küken die Umgebung zu erkunden. Eine gute Gelegenheit, um das Nest von Schalenresten und nicht ausgebrüteten Eiern zu befreien! Hinaus ins Grüne dürfen Sie die Glucke aber erst lassen, wenn die Küken ungefähr eine Woche alt sind. Der erste Ausflug sollte zudem von Sonnenschein und Temperaturen begleitet sein, die in etwa der Raumtemperatur am Nestplatz entsprechen. Denken Sie daran, den Auslauf so abzusichern, dass die Küken nicht hinaus- (feinmaschiges Drahtgeflecht im unteren Bereich der Einzäunung) und potenzielle Fressfeinde nicht hineinkönnen (Geflügelnetz zur Abdeckung des Auslaufs).

KÜNSTLICHE AUFZUCHT

Obwohl Küken unter natürlichen Bedingungen stark auf ihre Mutter geprägt sind und sich ab der zweiten bis dritten Lebenswoche auch keiner anderen Glucke mehr angliedern lassen, zeigen sie bei künstlicher Aufzucht dennoch keine Verhaltensstörungen oder andere bleibende Schäden. Vorausgesetzt, dass Sie ihnen als Halter möglichst optimale Aufzuchtbedingungen bieten!

DIE KÜKENAUFZUCHTBOX

Was genau Sie zur Kükenaufzuchtbox deklarieren, bleibt Ihrem Einfallsreichtum überlassen. Gut geeignet sind beispielsweise große Holzkisten oder auch ausgediente Heimtierkäfige. Kunststoffkisten sind leicht zu reinigen und in vielen Größen erhältlich. Damit sich die Küken wohlfühlen und gut entwickeln, sollten Sie zudem auf folgende Dinge achten:

» Für zehn bis zwölf Küken ist ein Platzbedarf von mindestens einem Quadratmeter zu veranschlagen.

» Die Küken müssen rundherum vor Zugluft geschützt sein. Bei Heimtierkäfigen kann es daher nötig sein, die Gitterstäbe mit Pappkartons zu verkleiden.

» Den Boden legen Sie in den ersten sieben Tagen am besten mit Zeitungspapier aus, das Sie mit Küchenpapier abdecken. So finden die Küken besser Halt. Danach können Sie feine Hobelspäne oder kurz gehäckseltes Stroh verwenden (aus dem Heimtierbedarf).

» Hinsichtlich der Fütterung gelten die gleichen Regeln wie bei der natürlichen Aufzucht. Eventuell müssen Sie den Küken anfangs bei der Wasser- und Futteraufnahme etwas auf die Sprünge helfen, indem Sie die Schnäbel sachte ins Wasser tauchen und geeignetes Futter vorlegen.

» Wichtig ist vor allem, die Küken warm zu halten. Darum ist gerade in den ersten Wochen der Einsatz einer zusätzlichen Wärmequelle, etwa einer Wärmeplatte oder eines Infrarotstrahlers, unverzichtbar.

DIE KÜKEN ABHÄRTEN

Küken benötigen in der ersten Lebenswoche eine Umgebungstemperatur von 32–35 °C. Danach wird die Temperatur pro Woche um 2 °C gesenkt, bis nach fünf bis sechs Wochen die normale Raumtemperatur erreicht ist. Diese schrittweise Entwöhnung der Küken von einer Wärmequelle wird als „Abhärten" bezeichnet.

JUNGHAHN UND JUNGHENNE

Etwa ab der sechsten bis achten Lebenswoche sollten männliche und weibliche Küken getrennt voneinander aufgezogen werden. Zum einen beginnt bei den Junghähnen das Interesse am anderen Geschlecht zu erwachen, wodurch sie die weiblichen Tiere belästigen und in ihrer Entwicklung stören könnten. Zum anderen bestehen nun auch unterschiedliche Ansprüche an Haltung und Fütterung, die bei der weiteren Aufzucht berücksichtigt werden sollten.

Gerade im Kükenalter fällt es nicht leicht, zwischen weiblichen und männlichen Tieren zu unterscheiden. Diese Merkmale können Auskunft geben:

» Bei einigen wenigen Rassen wie dem Bielefelder Kennhuhn ist schon anhand der Farbe des Federflaums das jeweilige Geschlecht erkennbar.

» Bei weiblichen Küken setzt die Befiederung eher ein und schreitet schneller voran als bei männlichen.

» Bei Hähnen ist ab etwa acht Wochen der sich entwickelnde Behang (das lange und spitze Nackengefieder) erkennbar.

» Mit etwa sechs Wochen beginnt sich bei männlichen Küken der Kamm zu entwickeln und rot einzufärben.

» Junghähne sind zumeist etwas größer als gleichaltrige Junghennen.

DIE AUFZUCHT VON JUNGHENNEN

Nach einer Phase intensiven Wachstums während der Kükenzeit sollte die körperliche Entwicklung von Junghennen nun etwas langsamer vorangehen. Mithilfe einer entsprechend angepassten Ernährung kann so der Entstehung von Entwicklungsstörungen an Knochen und Gelenken vorgebeugt werden. Stellen Sie deshalb Schritt für Schritt auf ein geeignetes Junghennenfutter um, das eiweißärmer, aber reich an Mineralien und Vitaminen ist. Ansonsten kann die Fütterung allmählich an die der Alttiere angepasst werden. Sofern möglich, sollten Junghennen erst kurz vor der Legereife (mit etwa 15 bis 16 Wochen) in den übrigen Bestand eingegliedert werden.

DIE AUFZUCHT VON JUNGHÄHNEN

Nach den Gesetzen der Wahrscheinlichkeit handelt es sich bei der Hälfte der geschlüpften Küken um Hähne. Da sich diese nicht dauerhaft in den Bestand integrieren und aus diesem Grund auch kaum weitervermitteln lassen, bleibt in vielen Fällen nur die Schlachtung. Im Gegensatz zu Masthybriden, die schon nach fünf bis sechs Wochen ein annehmbares Schlachtgewicht erreichen, brauchen selbst die Hähne von Fleischrassen dazu etwa doppelt so lang. In dieser Zeit müssen sie angemessen untergebracht und gefüttert werden.

Hähne aus demselben Schlupf können in vielen Fällen bis zur Schlachtung gemeinsam gehalten werden. Natürlich kommt es auch in diesen „Boygroups" zur Ausbildung einer Hackordnung, wobei es dann schon mal zur Sache geht. Verletzungen sind keine Seltenheit. Um ein friedliches Zusammenleben zu fördern und weniger „Reibungspunkte" zu liefern, muss den Hähnen ausreichend Platz mit genügend Ausweichmöglichkeiten geboten werden. Sollte dies nicht gegeben sein, empfiehlt es sich, die Tiere einzeln unterzubringen.

Da Junghähne sich grundsätzlich langsamer entwickeln als Junghennen, muss ihr Futter nicht eiweißärmer gestaltet werden. Sie erhalten nach der Umstellung deshalb die gleichen Futterkomponenten wie erwachsene Tiere. Für einen guten Fleischansatz sorgt ab und an eine Extrazulage an Maiskörnern, Weizen- und Haferschälkleie oder gekochten Kartoffeln.

GESUND-
HEIT!

KRANKES HUHN – WAS TUN?

GESUNDHEITSPROPHYLAXE

Obwohl Hühner bei entsprechenden Rahmenbedingungen weitestgehend eigenständig für ihr körperliches Wohlbefinden sorgen, sollte man sie hin und wieder doch etwas genauer unter die Lupe nehmen. Nur so lassen sich kleinere Verletzungen oder erste Krankheitsanzeichen frühzeitig erkennen. Damit manche Erkrankungen gar nicht erst auftreten, haben sich zudem folgende prophylaktische Maßnahmen bewährt:

» **Impfung:** Selbst Hühner in Klein- und Kleinstbeständen müssen gegen die für Geflügel hochansteckende Newcastle Disease geimpft werden.

» **Entwurmung:** Nicht nur Bakterien, auch Würmer und andere Endoparasiten werden zunehmend unempfindlich gegen Medikamente, die ihnen eigentlich schaden sollen. Vor dem Hintergrund der fortschreitenden Resistenzentwicklung sollte eine Entwurmung daher nicht rein prophylaktisch vorgenommen werden, sondern nur bei konkretem Anlass und dann gezielt erfolgen.

» **Vitalstoffe**: In Zeiten, in denen Grünfutter rar ist (Wintermonate) oder ein erhöhter Nährstoffbedarf vorliegt (Mauser), sollten Sie ein geeignetes Vitamin-Mineralstoff-Pulver zum Futter geben. So können Sie sichergehen, dass Ihre Hühner immer mit allen wichtigen Nährstoffen versorgt sind.

ALLES GUT IM GRIFF

Mit dem sogenannten Hühnerhaltergriff lassen sich die Tiere sicher mit einer Hand fixieren. Die zweite Hand bleibt frei und unterstützt Sie dabei, bestimmte Körperpartien näher unter die Lupe zu nehmen oder gegebenenfalls eine Behandlung durchzuführen.

» Nehmen Sie dazu das Huhn von vorne, sodass es auf Ihrem Handteller sitzt.

» Umfassen Sie einen der Ständer mit dem Daumen, den anderen mit den übrigen Fingern.

» Legen Sie nun noch den Zeigefinger zwischen die beiden Läufe, und schon haben Sie das Huhn sicher im Griff!

TYPISCHE KRANKHEITEN

Infektionen der Atemwege sind ein relativ häufiges Problem in der Hühnerhaltung. Bleibt das Geschehen auf Nase und Nasenschleimhaut beschränkt, kann das betroffene Huhn den Schnupfen aus eigenen Kräften überwinden. Typische Symptome sind Nasen- und Augenausfluss, Niesen und Husten. Auch Durchfall kann meist mit allgemeinen Maßnahmen wie der Gabe von medizinischer Kohle in den Griff bekommen werden – vorausgesetzt, er dauert nicht länger an.

Fachkundige Unterstützung ist hier angesagt:

Ansteckender Hühnerschnupfen: Bakterielle Erkrankung, von der in erster Linie Legehennen, aber auch ältere Küken nach der dritten bis vierten Lebenswoche betroffen sind. Neben den allgemeinen Anzeichen einer Atemwegsinfektion sind die Entzündung der Lidbindehäute und die Schwellung der Unteraugenhöhlen („Eulenkopf") charakteristische Symptome.

Mykoplasmose: Die Erkrankung wird durch ein zellwandloses Bakterium verursacht und kann je nach Alter der Tiere, Schwere der Infektion (Erregeranzahl) und anderen begünstigenden Faktoren (kühle Witterung, Stress, Mauser) unterschiedlich stark verlaufen. Es werden neben den Atemwegen auch Gelenke, Sehnenscheiden und Geschlechtsorgane erfasst.

Newcastle Disease: Die auch als atypische Geflügelpest bezeichnete Viruserkrankung erfasst Hühner aller Altersgruppen. Augen und Schnabel sind mit zähem Schleim bedeckt, die Tiere zeigen Atemnot und schwere Allgemeinstörungen sowie grünlich-wässrigen Durchfall. Die Tiere sterben innerhalb weniger Tage. Die vorbeugende Impfung ist auch für Hühner in Kleinstbeständen gesetzlich vorgeschrieben.

TIPP

Die Newcastle Disease gehört mit der Vogelgrippe und der Geflügelcholera zu den anzeigepflichtigen Tierseuchen. Im Verdachtsfall sind diese unverzüglich dem zuständigen Veterinäramt anzuzeigen.

Kokzidiose: Verursacher dieser Erkrankung sind einzellige Darmparasiten. Die Symptome werden durch die Zerstörung der Darmzellen verursacht und reichen von struppigem Gefieder und Mattigkeit bis hin zu wässrigem bis blutigem Durchfall und einer allgemein schlechten Entwicklung der Tiere.

Wurmbefall: Erstes Alarmzeichen für einen Befall sind Veränderungen am Ei. Der Dotter lässt seine intensiv gelbe Farbe vermissen, und bei Braunlegern wird die Schalenfarbe heller. Später kommen struppiges Gefieder, Mattigkeit und blasse Kämme und Kopfanhänge dazu. Hier ist eine gezielte Behandlung nötig.

Salmonellen: Für Züchter und Hobbyhalter mit eigener Nachzucht wird zum Schutz der Küken eine Impfung der Elterntiere empfohlen. Salmonella pullorum verursacht bei frisch geschlüpften Küken die sogenannte Pullorum-Seuche oder weiße Kükenruhr. Salmonella gallinarum führt vor allem bei älteren Tieren zu Teilnahmslosigkeit und schwefelgelben Durchfällen.

VERLETZUNGEN

Kleinere Verletzungen an Kamm und Kehllappen sowie an den Füßen sind bei den im Allgemeinen unternehmungslustigen Hühnern keine Seltenheit. Auch Krallenverluste kommen vor. Selbst kleinste blutende Wunden sollten aber durchaus ernst genommen werden, da sie die Artgenossen dazu verleiten, sich das Ganze genauer anzusehen und daran herumzupicken – was die Heilung nicht unbedingt fördert! Letzteres gilt auch, wenn Keime in die Wunde dringen und zur Entstehung von Eiter führen. Kann dieser nicht abfließen, z. B. weil die Wunde sich oberflächlich wieder geschlossen hat (Kruste), sammelt sich der Eiter im Gewebe an (Abszess). Besonders gefährdet sind die stark beanspruchten Fußsohlen, an denen sich dann die sogenannten Ballengeschwüre zeigen.

DAS KÖNNEN SIE TUN:

» verletzte Tiere von der Herde separieren

» Wunde mit warmem Wasser säubern und desinfizieren (z. B. Jodlösung)

» kleinere Abszesse können durch Zugsalbe zum Reifen gebracht werden, größere sollten vom Tierarzt gespalten und medizinisch versorgt werden

» betroffene Tiere erst nach vollständiger Abheilung der Verletzung in die Hühnerschar eingliedern

MILBEN

Kalkbeinmilben befallen die Beine der Hühner. Es kommt zu Ablagerungen und Entzündungen der Haut mit mehr oder minder dicker Krustenbildung. Betroffene Tiere zeigen sich unruhig und leiden unter starkem Juckreiz. Kalkbeinmilben leben ausschließlich auf dem Wirt, weshalb sich die Behandlung auf die Hühner selbst beschränken kann.

TIPP

Aufweichen der Krusten durch Waschungen mit Schmierseife:

Hühnerbeine bis zum Gefiederansatz in Ballistol eintauchen. Das Öl dringt selbst in feinste Risse vor und erreicht damit zuverlässig alle Milben, deren Atemöffnungen es abdichtet, sodass die Plagegeister ersticken. Die Behandlung sollte mehrere Tage in Folge vorgenommen werden.

Rote Vogelmilben leben nur temporär auf dem Wirt. Die Weibchen legen die Eier in Ritzen und Spalten der Stalleinrichtung. Daraus schlüpfen Larven, die über mehrere Entwicklungsstadien zu ausgewachsenen Milben heranreifen. Die Schadwirkung beruht in erster Linie auf dem Blutentzug, zudem verursacht die Vogelmilbe Hautirritationen und fungiert als Überträger von Krankheitserregern (z. B. Salmonellen). Der Nachweis ist schwierig, da sich die Parasiten nur nachts auf den Hühnern zur Blutmahlzeit einfinden. Als überaus hilfreich hat sich weißes, doppelseitiges Klebeband erwiesen, das unter den Sitzstangen aufgebracht wird, sodass die Milben auf ihrem Weg zum Huhn daran haften bleiben.

Chemische Mittel zur Abtötung der Milbe (Akarizide) sind bei lebensmittelliefernden Tieren nicht immer zugelassen (z. B. Ivermectin), andere sind auf längere Sicht zu teuer. Gegen viele chemische Mittel bestehen zudem Resistenzen, sodass immer mehrere Präparate zum Einsatz kommen müssen. Bewährt hat sich vor allem der Einsatz von Silikatpräparaten wie z. B. Kieselerde. Die Ausbringung von Kieselgur im Stall erfolgt in Abwesenheit der Hühner, der Anwender selbst sollte unbedingt eine Staubmaske tragen. Auch bei weniger starkem Befall muss die Anwendung mehrfach wiederholt werden, da Kieselgur nicht gegen Eier und Larvenstadien wirkt.

ALLGEMEINE MASSNAHMEN

Krankenquartier: Erkrankte und geschwächte Hühner verlieren rasch ihren sozialen Status innerhalb der Herde und werden von ihren Artgenossen „gemobbt“. Darum ist es besser, sie von der Hühnerschar zu separieren und getrennt unterzubringen. Dies dient zugleich dem Schutz der übrigen Hühnerschar vor eventueller Ansteckung.

Fütterung: Gerade im Krankenstand ist eine gesunde Ernährung außerordentlich wichtig. Eine leicht verdauliche Kraftnahrung stellt vor allem Weichfutter dar, das mit Schrotfutter angereichert ist. Eine Vitamin-Mineralstoff-Mischung stärkt die Abwehrkräfte, wird aber besser nicht über das Futter, sondern direkt in den Schnabel verabreicht. Entsprechende Präparate sind im Fachhandel in Form von Kapseln oder Tropfen erhältlich.

Je nach Art und Ausmaß der Krankheitserscheinungen können zudem folgende Maßnahmen angezeigt sein:

» Beseitigung von Kot im Stall und im Auslauf sowie gegebenenfalls der Wechsel auf eine alternative Auslauffläche

» gründliche Reinigung und Desinfektion des Stalls mit Austausch von Einstreu und Nistmaterial

» Reinigung und Desinfektion der Futter- und Wasserspender sowie aller Einrichtungsgegenstände und Gerätschaften

» die noch nicht erkrankten Hühner durch die Gabe eines Vitamin-Mineral-Pulvers stabilisieren und genau beobachten

ERSTE-HILFE-KOFFER FÜR HÜHNER

Nicht jede kleine Verletzung oder Unpässlichkeit Ihrer Hühner verlangt sofort nach einem Tierarzt. Deshalb sollten folgende Dinge in keiner Stallapotheke fehlen:

» Vitamin-Mineralstoff-Präparat (Stärkung der Abwehr)

» Probiotika (Förderung der Verdauung)

» Vaseline (Vorbeugung von Frostschäden)

» Jodlösung bzw. Blauspray, Wundsalbe (Behandlung von Verletzungen)

» Antiparasitika (Mittel gegen Federlinge, Milben, Flöhe)

» medizinische Kohle bzw. Algenpulver (Behandlung harmloser Durchfälle)

» Obstessig, Japanisches Heilpflanzenöl (Behandlung banaler Atemwegsinfekte)

» Pinzette, Zeckenzange

» Plastikspritzen ohne Nadel zum Eingeben von Medikamenten und Spülen von Verletzungen

WENN HÜHNER ÄLTER WERDEN

Die meisten Rassehühner werden bei artgerechter Haltung nur etwa fünf bis sieben Jahre alt. Sollten Hühner ihr von der Natur vorgegebenes Lebensende erreichen dürfen, stellt sich nach einer kurzen Trauerphase zumeist ein rein praktisches Problem: „Wohin mit dem Huhn?" Unabhängig von der Todesursache sollten Sie auf natürlichem Wege verstorbene Tiere nicht mehr verzehren. Selbst wenn diese vorher nicht krank waren – der Tierkörper ist nicht ausgeblutet, was das Fleisch sehr schnell ungenießbar macht. Das Huhn muss also ordnungsgemäß bestattet werden.

DIE WICHTIGSTEN INFORMATIONEN IM ÜBERBLICK:

» Wohl kaum ein Hühnerhalter käme auf die Idee, den leblosen gefiederten Gesellen einfach in der Mülltonne zu entsorgen. Dennoch sei hier der Vollständigkeit halber erwähnt, dass vom Gesetz her nur kleine Heimtiere (Hamster, Meerschweinchen, Kaninchen) im Müll entsorgt werden dürfen. Hühner, Katzen und Hunde gehören nicht dazu.

» Gemäß Tierkörperbeseitigungsgesetz ist es auch verboten, tote Tiere einfach im nahe gelegenen Wald zu vergraben. Hühner, die an einer meldepflichtigen Tierseuche gestorben sind, müssen zu einer Tierkörperbeseitigungsanstalt gebracht werden.

» Sofern Ihr Grundstück nicht in einem Wasser- oder Naturschutzgebiet liegt, dürfen Sie Ihre Hühner aber im eigenen Garten begraben. Das Grab muss 1–2 m von öffentlichen Gehwegen entfernt und mindestens ½ m tief sein. Zum Einwickeln des Tierkörpers sollten nur Materialien verwendet werden, die leicht verrotten (Wolldecke, Zeitungen, Handtücher).

SCHLACHTUNG

Wer sich zwar grundsätzlich mit dem Gedanken an eine Schlachtung angefreundet hat, diese aber nicht selbst durchführen will, kann das Geschäft auch von einem Landwirt, Metzger oder auf einem Geflügelhof erledigen lassen. Die Kosten betragen je nach Vereinbarung wenige Euro pro Huhn, dafür bekommt man es fix und fertig ausgenommen. Prinzipiell empfiehlt es sich aber, die Schlachtung der Hühner, inklusive Rupfen und Ausnehmen, selbst vorzunehmen, da dies für die Tiere deutlich weniger stressig ist und Sie so auch für eventuelle Notfälle (Notschlachtung) gerüstet sind.

IMPRESSUM

Bibliografische Information der Deutschen Bibliothek.

Die Deutsche Bibliothek verzeichnet diese Publikation in der Deutschen Nationalbibliografie.

Detaillierte bibliografische Daten sind im Internet über http://www.dnb.de/ abrufbar.

EIN BUCH DER EDITION MICHAEL FISCHER

1. Auflage 2025

Text: Jakob Eggenhofer
Covergestaltung, Layout und Satz: Sabine Mayr
Redaktion und Lektorat: Ulrike Hanninger

Fotos: © Oliver Giel, Haßfurt; außer: S. 1: © Shutterstock/Martin Helgemeir; S. 15 oben: © Shutterstock/R. Maximiliane; S. 16 unten: © Shutterstock/Rob kemp; S. 29: © Shutterstock/EF Photography; S. 30: © Shutterstock/Linas T.

Illustrationen: © Shutterstock/Ton Photographer 4289; © Shutterstock/Evgenia_art_art; © Shutterstock/© Shutterstock/A 5; Alexander_P.

ISBN 978-3-7459-2557-9

Gedruckt bei C&C Offset Printing Co., LTD.,
14/F, C&C Building, 36 Ting Lai Road, Tai Po, N. T.
Hong Kong

www.emf-verlag.de

FSC www.fsc.org
MIX
Papier | Fördert gute Waldnutzung
FSC® C145070